物竞天择

宜昌博物馆展览系列图集

宜昌博物馆 编著

张莹 主编

文物出版社

图书在版编目（CIP）数据

物竞天择 / 宜昌博物馆编著；张莹主编. --
北京：文物出版社，2021.12
（宜昌博物馆展览系列图集）
ISBN 978-7-5010-6978-1

Ⅰ.①物… Ⅱ.①宜… ②张… Ⅲ.①珍稀动物- 标
本- 图集 Ⅳ.① Q95-34

中国版本图书馆 CIP 数据核字 (2020) 第 267627 号

宜昌博物馆展览系列图集

物竞天择

编　　著：宜昌博物馆
图书策划：肖承云　向光华
主　　编：张莹
责任编辑：李睿
责任印制：张丽
装帧设计：雅昌设计中心
出版发行：文物出版社
社　　址：北京市东城区东直门内北小街 2 号楼
邮　　编：100007
网　　址：http://www.wenwu.com
经　　销：新华书店
印　　刷：北京雅昌艺术印刷有限公司
开　　本：889mm×1194mm　1/16
印　　张：5.25
版　　次：2021 年 12 月第 1 版
印　　次：2021 年 12 月第 1 次印刷
书　　号：ISBN　978-7-5010-6978-1
定　　价：108.00 元

总序

宜昌，世界水电之都、中国动力心脏，伟大的爱国诗人屈原、民族使者王昭君的故乡，是巴文化、楚文化交融之地。现有考古资料证明，夏商之时巴人就已存在。周初，巴人参与了武王伐纣之战，因功封为子国，即巴子国。早期巴文化遗址以清江及峡江地区分布最为密集。在宜昌发现的 40 余处巴人遗址中，出土了融多元文化为一体的早期巴人陶器和錞于、编钟、釜、洗等青铜乐器和礼器，族群特色鲜明。根据《左传·哀公六年》记载："江汉沮漳，楚之望也。"说明沮漳河流域是楚人政治、经济、文化和军事发展的重要之地。其经远安、当阳、枝江等全长约 276 公里的沿岸分布着楚文化遗存达 709 处。

秦汉以来，宜昌历经了三国纷争、明末抗清斗争、宜昌开埠、宜昌抗战等重要的历史事件；保留有各个时期大量的重要历史遗迹、遗存；历年来，通过考古发掘出土、社会征集了大量的文物和各类标本。

宜昌博物馆馆藏文物 40476 件 / 套，其中一级文物 84 件 / 套（实际数量 142 件）、二级文物 112 件 / 套（实际数量 154 件）、三级文物 1427 件 / 套（实际数量 2259 件）。楚季宝钟、秦王卑命钟、楚国金属饰片、春秋建鼓、磨光黑皮陶器等一系列的西周晚期至战国早期楚文化重器和礼器，为我们勾勒出楚国作为春秋五霸、战国七雄而雄踞一方的泱泱大国风采。另外，还有馆藏动物、植物、古生物、古人类、地质矿产等各类标本，艺术品，民俗藏品等 10000 余件 / 套。

宜昌博物馆位于宜昌市伍家岗区求索路，建筑面积 43001 平方米。远远看去就像一座巨大的"古鼎"，古朴雄伟、挺拔壮观。主体建筑以"历史之窗"为理念，集巴楚历史文化元素为一体，形成了一个内涵丰富、极具文化特色的标志性建筑。外墙运用深浅变化的条形石材，呈现出"巴虎楚凤"的纹饰，表现出"巴人崇虎，楚人尚凤，楚凤合鸣"的设计效果。不但具备大气磅礴的外观，还体现着时尚的元素和颇具宜昌风味的文化特色。

大厅穹顶借用了"太阳人"石刻中"太阳"为设计元素，穹顶外围铜制构件巧妙地运用了镂空篆刻的设计，体现了宜昌地区祖先对太阳的崇拜以及宜昌作为楚国故地对屈子哲学的崇尚。迎面大厅正中的主题浮雕"峡尽天开"，用中国古代书画青绿山水技法，再现了宜昌西陵峡口的绿水青山，它既是宜昌地域特点的真实写照，也向世人展示着宜昌这座水电之城的秀美风采。

博物馆的陈列布展主题为"峡尽天开"。"峡尽天开朝日出，山平水阔大城浮"是著名诗人郭沫若出三峡时对西陵峡口壮阔秀美风光的咏叹，是对宜昌城地理位置的准确描述，也契合了宜昌由小到大，由弱到强，几次跨越式发展的嬗变历程。陈列布展设计针对大纲重点内容进行提炼并重点演绎，以特色文物为支撑，坚持"用展品说话"的设计原则，辅以高科技多媒体技术、艺术场景复原等手段，彰显开放、包容、多元的城市品格。展览共分十个展厅，分别是：远古西陵、巴楚夷陵、千载峡州、近代宜昌、数字展厅，讲述宜昌历史文明的发展历程；风情三峡、古城记忆、书香墨韵，描绘宜昌多彩文化；开辟鸿蒙、物竞天择，寻迹宜昌人文与自然的传承永续。

宜昌博物馆展陈具有以下特色：一、内容综合性。它是集自然、历史、体验于一体的大型综合类博物馆；二、辅展艺术性。雕塑、艺术品、场景复原风格追求艺术化创新，艺术大家参与制作，老手艺、老工艺充分利用，多工种、专业交叉施工，使展览更加洒脱、细腻、生动；三、布展精细化。布展以矩阵式陈列展现宜昌博物馆丰富的馆藏，在文物布展的细节之处，彰显巴楚文化的地方特色以及精神传承；四、体验沉浸式。它区别于其他博物馆的传统式参观，引入古城记忆的沉浸式体验，穿街走巷间，感受宜昌古城风貌；五、运行智能化。充分运用 AR 技术、智慧云平台等先进的智能化互动方式，让展陈"活"起来；六、展具高品质。进口展柜、低反射玻璃、多种进口灯具组合，无论在哪一环节，都精益求精，打造精品博物馆。

筚路蓝缕，玉汝于成，宜昌博物馆从无到有，从小到大，凝聚了几代宜昌文博人的心血，见证了宜昌文博事业的发展。陈列展览通达古今、化繁为简、注重特色、彰显底蕴，处处体现着宜昌人的文化自觉、文化自信、文化自强。如今宜昌博物馆凤凰涅槃，并跻身国家一级博物馆行列，即将扬帆踏上新的征程。让我们寻迹宜昌发展的脉络足迹，共同打造文化厚重、人气鼎盛的现代化梦想之城！

苏海涛

2021 年 12 月于湖北宜昌

目 录

展览概述

如果把恒久的生命比作不灭的太阳，每个物种就是一束原色的光，丰富多样的物种构成了活力四射的自然界。动物们令人惊叹的特征、习性，将自然界的神奇与伟大体现得淋漓尽致。

宜昌博物馆围绕自然科普教育及长江大保护的总体思路，借助环球健康与教育基金会捐赠给宜昌博物馆的动物标本以及我馆征集的各类动物标本进行了深入研究，精心打造了《物竞天择》展厅，用场景还原了野生动物的生境，并结合中英文图板和现代化展示手段，准确、科学地将非洲、极地、北美洲及本地具有代表性的动物标本展现在观众面前，让观众多方位、多角度地感受动物世界带来的魅力。

一、展陈构想

动物世界的弱肉强食是一个深奥的科学命题。动物们为了适应日渐变化的生存环境，抵御天敌和人类的杀戮，逃离人类生产生活的环境污染，而不断进化自己的生存本领。本展厅的展陈构想是如何展示世界各地这些具有代表性的动物，并依托展览讲述动物适者生存的故事，呼吁公众关注动物保护、生态环保问题。

2017 年 3 月 26 日，宜昌博物馆与环球健康与教育基金会签署了动物标本捐赠协议，该基金会向本馆捐赠了价值约 1.5 亿元人民币的动物标本 208 件。

为了向社会拓展博物馆生态科普教育，传达热爱自然、保护自然、和谐共生的环保理念，推动青少年生态文明教育向纵深发展，同时向环球健康与教育基金会已故主席肯尼斯·贝林先生表达感激之情，我馆对该批捐赠动物标本背后的生存故事进行了深度挖掘，建立了多元化、立体化动物科普知识传播体系，展现不同生境中动物们适应和生存的故事，配合我馆已有的长江珍稀鱼类标本，推出了原创性展览《物竞天择》，以动物生境场景复原、多媒体、VR 互动体验等艺术展现形式来展示动物界的生存法则。

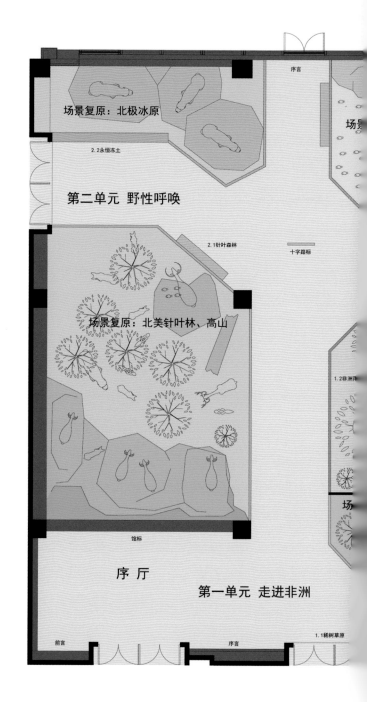

二、展览主题

该展厅以"物竞天择"为主题，以"适者生存"为关键词，由走进非洲、野性呼唤、铁角铜蹄、生存之道、长江大保护、危机与希望六个章节组成。

展厅通过不同展区的场景复原展现动物界弱肉强食、适者生存的故事，并结合长江大保护的主旋律，勾勒出长江珍稀鱼类及宜昌湿地文化风貌，让观众在亲身感受生物多样性的同时，重新审视人类在生物界生存环境中的地位，呼吁大家树立生态环保意识。

三、展陈亮点

《物竞天择》展厅展陈亮点主要体现在以下方面：

一是充分展现生物的多样性，将抽象、繁冗的科学知识转化成直观、具体的展项装置，充分展示动物形态、生境和生活习性的多样性，用艺术化手法加以呈现，使观众能够近距离观赏这些来自世界各地的动物标本。

二是采用主题单元式陈列方式，用分区展示的方法打造立体化动物生态场景，每个展区突出展示代表性动物、植物间相互依存的关系，展示手段各具特色。

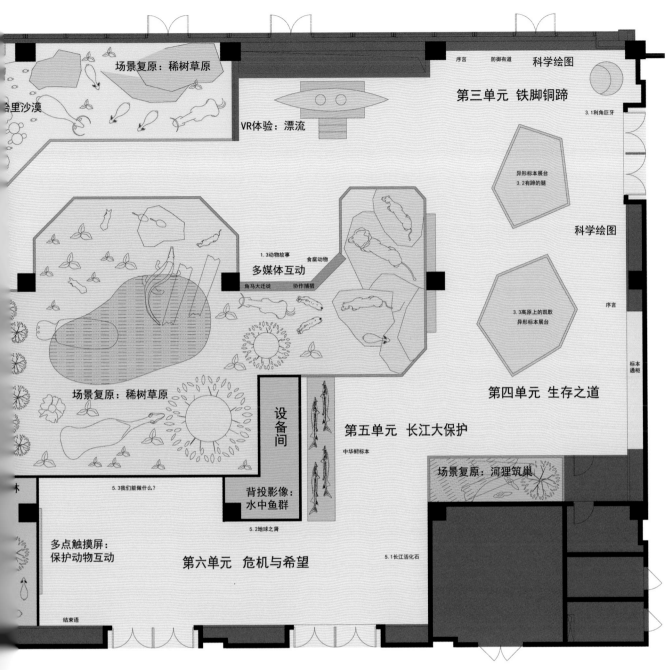

场景复原：稀树草原

吉里沙漠

VR体验：漂流

序言　防御有道　科学绘图

第三单元　铁脚铜蹄

3.1利角巨牙

异形标本展台
3.2有蹄的腿

科学绘图

1.3动物故事　食腐动物

多媒体互动

角马大迁徙　协作捕猎

3.3高原上的凯歌
异形标本展台

序言

标本
通柜

第四单元　生存之道

场景复原：稀树草原

设备间

第五单元　长江大保护

中华鲟标本

场景复原：河狸筑巢

5.3我们能做什么？

背投影像：
水中鱼群

5.2地球之肾

多点触摸屏：
保护动物互动

第六单元　危机与希望

5.1长江活化石

结束语

物竞天择展厅平面图

　　三是充分运用高科技智能化手段，注重展品的故事性，借助 VR 漂流模拟设备和三维图形技术，依托各生态展区的视听多媒体进行科普教育，为观众带来视觉、听觉的多重感知，大大增强了展览的趣味性、互动性及休闲娱乐性。

　　保护生物多样性，实现和谐发展，既是一项惠及子孙万代的宏伟大业，也是一项需要全社会积极参与、复杂而又庞大的系统工程。宜昌博物馆通过《物竞天择》

展厅宣传普及自然环保知识，引导广大公众尤其是未成年人树立"保护动物、守护家园"的意识，倡导尊重自然、爱护自然的绿色价值观，让天蓝地绿水清深入人心，形成深刻的人文情怀。

第 一 章
走进非洲

非洲，作为地球生命脉动的场所和世界第二大洲，蕴藏着鲜为人知的故事和不期而遇的惊喜。这里是野生动物的天堂，也是它们生存的竞技场。为了在这里生存，动物们必须使出浑身解数，用生命和大自然豪赌，形成了狂野非洲壮丽奇幻的自然景观。

本章节是《物竞天择》展厅的核心版块，以场景复原、真实动物标本裸展为主要展示方法，依据动物生存气候带的特点进行分区展示，再现动物界适者生存的真实画面。

本章节分别展示了非洲雨林、稀树草原及卡拉哈里沙漠三种生境，围绕生物多样性格局，将不同的动物串联起来，并依据动物在生态圈中的位置和生态环境，陈列了岩石、非洲典型植物等景观，充分发挥展品资源特点的同时引领观众从人与动物、人与自然等更高层次深度探索生态环保的重要意义。

稀树草原场景设计效果图

非洲疣猪

因眼部下方长有疣而得名。在挖土取食时，疣有助于保护眼睛。

猴面包树

长颈鹿

　　是世界上现存最高的陆生动物，其血压大约是成年人的三倍，是名副其实的"高血压"。

此区域场景的地形植被及背景油画设计充分还原刚果雨林生态风貌，使动物标本完全融入场景环境之中，让观众近距离地感受大自然的无尽之美。

非洲雨林

　　赤道附近的刚果盆地全年高温多雨，孕育了世界三大热带雨林之一的刚果雨林，面积仅次于南美洲亚马逊雨林，有"地球第二肺"之称，是地球最大的物种基因库之一。

紫羚

◉　此区域重点展示了紫羚、红麂羚及红河猪三件动物标本，以热带雨林典型的灌木、藤本植物、热带常绿树等植被为复原场景主要内容，整体场景与刚果雨林背景画融为一体，协调美观，引人入胜，再现了形态万千的热带雨林景观。

红麂羚
Cephalophus natalensis

紫羚

刚果盆地
Congo Basin

刚果盆地是非洲最大的盆地，也是世界十大盆地之一。盆地里生活着400余种哺乳动物、200余种爬行动物、1000余种鸟类、900余种蝴蝶和700余种鱼类，被称为世界上最大的物种基因库之一。刚果盆地的森林里还有许多濒危野生动物，包括非洲森林象、黑猩猩、倭黑猩猩、低地大猩猩和山地大猩猩等。

生态危机

刚果盆地资源丰富，但由于过度采伐和战乱等原因，生态遭受了极大的破坏。20世纪90年代，在刚果盆地，每年有近3000平方千米的森林被砍伐，到了2000年，每年砍伐的森林依然接近2000平方千米，结果导致许多物种的数量急剧减少，濒临灭绝。

稀树草原

辽阔的非洲稀树草原是世界上最具代表性的动物生态景观。这里孕育了地球上最大密度的动物集群，却有着最为简单的生态系统，草本多为耐高温、耐高蒸发和耐强光照的种类，为羚羊、斑马、长颈鹿等草食动物及狮子、猎豹等肉食动物提供了理想的栖息场所与美好的生活乐园。

沙氏沼羚
hicar s sharpei

稀树草原展区为《物竞天择》展厅最大的复原场景区域，位于展厅中央，面积近300平方米，根据地理、生物、人文等因素系统设计，以动物故事线为主要脉络，依托非洲狮、长颈鹿、角马以及非洲象等典型动物，用探索式参观、情景化叙事的方式，讲述了非洲代表性野生动物生存竞技的故事，真实再现非洲草原的弱肉强食与动物大迁徙的壮观景象，引领观众感受万千生命世界的神奇。

斑马

　　周身的条纹和人类的指纹一样独一无二。没有任何两头斑马的条纹完全相同，条纹就相当于斑马的身份证。斑马的条纹在阳光照射下反射的光线各不相同，能起到模糊、分散视线并躲避天敌的作用。

河马

　　是一种半水生动物，体型庞大、笨拙，爱泡澡，善于游泳和潜水，脾气极为暴躁，是世界上最危险的动物之一。

斑纹角马
Connochaetes taurinus

青腹绿猴
Chlorocebus pygerythrus

◉　非洲象是《物竞天择》展厅体型最大的一件展品。此区域结合背景油画色彩搭配和稀树草原植被特点，以非洲象生存环境为蓝本，模拟出非洲象在稀树草原的生活场景。

动物大迁徙

　　稀树草原没有四季之分，只有旱、雨两季交替。每年6月旱季来临后，由角马、斑马和瞪羚等数百万食草动物组成的迁徙大军会成为稀树草原上最受瞩目的移动盛宴。

◉　此区域以体验性景观、大型开放式展示空间为主，动物标本的陈列遵照了自然的秩序与科学研究的准则，依据动物不同的生活习性、形态特征分类展示，使标本更具审美性和可看性。整个展厅张弛有道、分和有序，综合考虑整体背景色彩、暖色灯光、展项造型等因素，有效增强了展厅的视觉传达和整体展示效果。

斑纹角马
nochaetes taurinus

卡拉哈里沙漠

位于非洲南部内陆干燥区，是非洲第三大沙漠，也是世界第八大沙漠。卡拉哈里沙漠生活着许多野生动物，南、北部的动物种类各不相同。南部主要有跳羚、角马、捻角羚等，北部主要有长颈鹿、非洲狮、猎豹、斑鬣狗、各种羚羊等。

南非剑羚
Oryx gazella

非洲鸵鸟

  是世界上最大的一种鸟类,成鸟身高可达 2.5 米。
鸵鸟跳跃可腾空 2.5 米,一步可跨越 8 米和 5 米多
高的障碍,冲刺速度在每小时 70 千米以上,作为防
身利器的双腿甚至可以踢死狮和豹。

◉ 卡拉哈里沙漠展区采用简洁干净的展台，配合非洲南部沙漠标志性的配景植物、岩石，充分突出展品，为观众呈现壮观但并不荒凉的沙漠生态，还原该地域动物们的真实生活环境。

斑鬣狗

是排在狮子之后的非洲第二大群居性食肉动物。白天休息，夜间觅食，与狮子一样都是顶级掠食者，还可和狮群抗衡。

豚尾狒狒

是狒狒类中最大的一种，其最为特别之处在于群体中要派出"哨兵"警戒，每当猛兽猛禽出现或危险来临时，"哨兵"会发出尖叫，通知同伴逃避或御敌。

豚尾狒狒
Papio ursinus

斑鬣狗
Crocuta crocuta

黑马羚

此区域运用科学技术手段，将声、色、光、景结合在一起，多媒体触控电子屏根据人体工学设计选择适当高度进行适当倾斜，以满足观众的正常操作习惯，更系统地进行科普知识的传播，拉近展品与观众之间的心理距离，为观众带来多层次、多维度观展体验。

◉　　该区域巧妙利用有限空间讲述鲜活的生态故事，模拟出南非剑羚从沙漠中走出的动态场景，通过对生态景观详细的情节设定传达动物世界的深邃奥秘，提升了展览的艺术性，让观众在参观途中与"生命"对话，与"展览"对话，真正做到用展览讲述故事，用故事传达策展理念。

◉　模拟漂流互动体验区打破了传统静态的展示方式，采用雨林漂流背景油画和 VR 互动体验相结合的展示方法，观众可以踏上独木舟平台，戴上 VR 眼镜，借助三维图形技术，体验在非洲刚果河中漂流的实时景象。

◎ 此处观众能够欣赏到两岸壮丽的风景与珍稀动植物，配合独木舟在激流中颠簸、摇摆与倾斜给观众带来超刺激的感官体验，其独特的趣味性与互动性深受观众特别是小朋友的喜爱。

第 二 章

野性呼唤

生命总是在不断挣扎求存的过程中获得价值和意义，动物界无时无刻都在上演着弱肉强食、适者生存的故事。神奇的北美洲，这块年轻的"新大陆"，古老的自然天堂，世界第三大洲，将带给我们不一样的惊喜。

针叶密林

北美洲位于西半球北部，地跨热带、温带、寒带，气候复杂多样，以温带大陆性气候和亚寒带针叶林气候为主。北方针叶林是寒温地带性植被，主要由耐寒的针叶乔木组成，主要树种有云杉、冷杉、落叶松等。

本章节采用山地造景为雪羊、大角羊等动物提供了展示的舞台。在这个生态系统中，动物被还原至原本的生存空间。形式设计上通过层层递进的自然故事，让观众在穿梭生物群像时仿佛身临其境，多角度感受奇妙的动物世界。

◉ 此区域选取了北美洲具有代表性的落基山北方针叶林生境作为场景复原蓝本，还原北美针叶林的自然生态景观，营造观众沉浸式参观氛围。

雪羊

浑身披着一层厚密的白色长毛，角细长而稍向后弯，喜欢在高山和亚高山地区的峭壁断崖生活，非常善于在悬崖峭壁间攀爬、跳跃。

北美野牛

　　是北美洲体型最大的哺乳动物和世界上最大的野牛之一，也是比较凶悍的动物。

◎ 此区域结合震撼的复原场景，点睛式辅以观众互动体验触摸屏，展示了落基山北方针叶林生境及代表性动物群，依托动态图片、视频、科普知识讲解等方式，以丰富的内容、协调的色彩搭配和高质感的画面吸引观众驻足体验，让观众不再死板地阅读图文，而是与标本、景观等静态展陈产生积极互动，优化参观学习方式，增强观众与展品的互动性和参与性。

北方针叶林
Taiga Forest Regions

北方针叶林又称泰加林，是指从北极苔原南界树木线开始，向南延伸1000多公里宽的北方塔形针叶林带，为水平地带性植被。虽然这里严酷的气候环境使得生物的多样性不如热带雨林。但是在这里你依然可以遇到如灰熊、驼鹿、美洲狮、加拿大马鹿、黑尾鹿、雪羊、加拿大猞猁和北美灰狼等大部分的北美大中型动物。而在夏季，北方针叶林聚集了大群迁徙鸟类在此繁殖，享用昆虫大餐。

里程碑——黄石公园

上第一座国家公园——黄石公园成立，这是自
里程碑。

建设理念"完全保护、适度开发"，采取了极
措施，在建设和运营过程中，都把环境保护和
成了较为完善的环境保护体系。

北美针叶林
NORTH AMERIC CONIFE ROUS FORESTS

009

永恒冻土

冻原又叫苔原，为典型的寒带生态系统。冬季寒冷漫长，夏季凉爽短促，风力强劲，主要有驯鹿、麝牛、北极狐、北极熊等代表性动物。

冰原多位于南极大陆和格陵兰岛，终年冰雪覆盖，夏季阴冷且短暂，冬季严寒且漫长，有极昼极夜现象，代表性动物是企鹅。

北极熊

Ursus maritimus

北极熊

是世界上最大的陆地食肉动物，生活在北极圈冰层覆盖的水域，善于在薄冰层上游泳和行走。

◉ 极地与苔原展区采用白色的金属地台模仿苔原的积雪，使用艺术玻璃地面模拟冰封的大洋，呈现绚丽多彩的极地风光，使静态的展陈空间"动"起来，极大地丰富了展示效果，带给观众更好的视觉享受。

◉ 此展区重点展示了极地和苔原地区代表性动物北极熊、北极狐、麝牛和驯鹿。

北极狐

麝牛

驯鹿

铁角铜蹄

在自然界严峻的求生环境中，动物们进化出了适应环境的角和蹄。在求偶季节，美丽的角既能向异性展示优雅的身姿，也是"情敌"间搏斗的有力武器，能让它们在众多求偶者中脱颖而出。

利角巨牙

食草动物们为了生存进化出了适应不同生境的角、牙齿和蹄。它们用蹄行走在不同的地面环境中，用角和天敌殊死搏斗，勇于面对残酷的自然界生存竞争，演绎生命的奇迹。

白尾鹿
Odocoileus virginianus

铁角铜蹄
Strong horn & hoof

面对"武装到牙齿"的食肉动物，看似柔弱的草食动物如何�死！漫长的演化过程让他们具有了一系列精妙的防御措施。他们拥有了头盔的角，弥补了没有锋利爪牙的遗憾；坚硬的蹄，让它们可以长距离奔跑，同时也是一种防卫武器；此外，可直达360°的敏锐视觉和灵敏的听觉能随时发现敌情；群体的协作更增强了它们抵御捕食者的能力。

Carnivores are herbivores' main enemy. They are often praying for herbivores. To defend their self from carnivores, herbivores are evolved their defense. One is that many of herbivores have sharp horns instead for the sharp claws and teeth for self defense. The other is that most of herbivores are not prey from the predators, using their hard hooves. Such hooves are also the weapons. Also, the herbivores have nearly 360° vision and good hearing, and this increase their defense capability. Furthermore, the herbivores use the swarm behaviors to protect themselves from predators.

形形色色的鹿角
Variety of Antlers

鹿角是哺乳动物中唯一的大型可再生器官，不同的鹿有不同的鹿角。鹿角一般是个体强健和等级的象征，也是雄性争夺配偶时争斗的工具与抵御天敌的得力武器。大多数鹿科动物只有雄鹿有角，而驯鹿雌雄均有角。

臼齿与长肠子
Molar and Long Intestine

适应不同生境的蹄子
Hoofs Adapted to Different Habitats

有蹄的腿

　　偶蹄目是哺乳动物的一个大型分支，多为大型、中型的草食性陆生有蹄类哺乳动物。因蹄多为双数，且第三、四趾同等发育，共同支撑体重而得名。

◎ 本章节集中展示偶蹄目动物标本，采取集中陈列手法，通过高清玻璃展架、展台、图文展板、多媒体等多元化展陈形式，展现了偶蹄目动物力量与美的结合，烘托了展览气氛，使陈列展览更加完美生动。

加拿大马鹿
Cervus canadensis

狷羚
Alcelaphus buselaphus

水羚
Kobus ellipsiprymnus

白尾角马
Connochaetes gnou

苇羚
Redunca redunca

非洲疣猪
Phacochoerus africanus

领西貒
Pecari tajacu

◉ 此区域采用了肩挂类标本组成的偶蹄目动物展示墙和展板文字科普介绍相结合的方式，讲述了在自然界严峻的求生环境中，食草动物尤其是偶蹄类动物的演化适应技能，为观众立体化展示了动物与众不同的头、角和蹄，系统展示了自然界的瑰丽和神奇。

马鹿
Cervus elaphus

非洲野牛
Syncerus caffer

◉ 该展区在展陈设计中利用了空间、造型、多媒体技术等多种元素，展品以错落有致的排列方式，真实直观地展示了动物赖以生存和搏斗的武器——角，最大化利用展陈空间，优化展陈布局，加深观众对陈列内容的认知和记忆。

第三章

铁角铜蹄

高原上的凯歌

　　高原是指海拔高度在 500 米以上、地势相对平坦或有一定起伏的广阔地区，素有"大地的舞台"之称。本展区选用空间轴展示手法，以动物生存地理环境为架构布展动物标本，体现出不同的动物为了适应高原上的生存环境，不断进化，奏响"高原上的凯歌"奇景。

◉　此区域是专门为生活在高原地区的山地动物所设置的展示区域，主要展示标本为喜马拉雅塔尔羊。设计线稿图依据动物所处不同海拔高度将动物分层展示，高度还原动物本身在高原地区的生活形态，让观众更清晰地了解动物所处海拔高度及生境特点，增强了展览的直观性、可视性和互动性。

高原上的凯歌线稿图

第 四 章

生存之道

优胜劣汰是大自然最原始的生存法则。在动物王国，有的依靠庞大的身躯称霸世界，有的依靠速度闪电出击，还有的利用团队协作克敌制胜，而对于小型动物而言，先天的不足让它们的生存繁衍十分困难。在残酷的自然界中，它们不断各出奇招，进化演变，适应日益变化的生存环境。

生存之道

The way of surviving

它们是自然世界的生存高手，拥有绝顶的生存技能，伪装、力量、速度和生化武器是它们的拿手绝活。它们是自然界进化的成功典范，跟随着自然进化的脚步，书写着一个个精彩绝伦的生命故事。

They are the masters of survival in the nature for their superb skills such as camouflage, strength, speed, and chemical weapons. They are also the evolutionarily successful organisms in nature. They adapted to their environment and show a wonderful life story.

◉ 本章节以大型通柜、图文展板相结合的展示手法，将以往放置在大场景中容易被忽略的小型动物作重点展示，讲述了在自然界适者生存的环境中，小型动物们进化出的独门生存绝技。

◉ 生存之道展区采用半复原陈列法，空间色彩选择了偏暖色系搭配小型动物造景景观，讲述了动物们的自我防卫及逃生技能。展柜及展板的设计充分考虑了青少年观众的参观需求，图片文字通俗易懂，通过故事性叙事方式和视觉化角度吸引观众，让观众在移步换景中感受展厅内容的丰富性和趣味性。

水利工程
Beaver Dam

河狸的一个独特本领是垒坝，它们用树枝、石块和软泥垒成堤坝，以阻挡溪流的去路，小则汇合为池塘，大则可成为面积达数公顷的湖泊。河狸巢与大坝形成的池塘帮助河狸防御狼、猞猁、熊等捕食者，也提供了度过严冬的庇护所。

豪猪

技能—硬刺防卫

负鼠

技能—装死求生

地道御敌
Prairie Dog' Tunnel System

草原犬鼠白天活动，善于挖掘洞穴。它们的洞穴能根据自然地形分成若干个区，仿佛是一座"城镇"，这些小群体受益于地下洞穴系统，那里可以逃避食肉动物的捕杀和恶劣的天气，过夜并哺育后代。

设施完善的地下王国

草原犬鼠有一套基本独立的地道系统，最深可以达5米。洞口附近会有敌害出现时的避难室，再往下还会有储藏室、居住室、厕所等，地道尽头还有铺了柔软草垫的主巢。它们挖成的洞穴往往成为蛇、兔子，甚至蜈蚣、甲虫类的防身、居住场所。

犰狳

技能—身披厚甲

臭鼬

技能—生化武器

迁徙与洄游
Migration

动物的迁徙行为是一种适应现象，凭借这种活动，可以满足它们在特定的生活时期所需要的环境条件，使个体的生存和种族的繁衍得到可靠的保证。

迁徙与洄游展区一方面依托图文展板及小鲨鱼、旗鱼模型进行展示，从洄游鱼类、洄游路线、水下竞速几个方面讲述鱼类生活特性；另一方面以阵列式排列手法将北美代表性淡水鱼类标本挂墙展示，带您走进北美水世界。

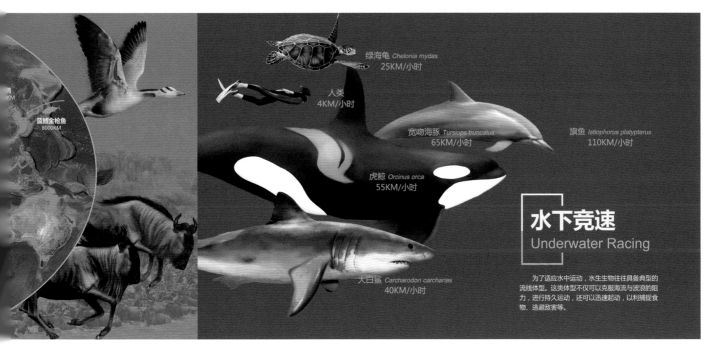

绿海龟 *Chelonia mydas*
25KM/小时

人类
4KM/小时

宽吻海豚 *Tursiops truncatus*
65KM/小时

旗鱼 *Istiophorus platypterus*
110KM/小时

虎鲸 *Orcinus orca*
55KM/小时

蓝鳍金枪鱼
8000KM

大白鲨 *Carcharodon carcharias*
40KM/小时

水下竞速
Underwater Racing

为了适应水中运动，水生生物往往具备典型的流线体型。这类体型不仅可以克服海流与波浪的阻力，进行持久运动，还可以迅速起动，以利捕捉食物、逃避敌害等。

第 五 章

长江大保护

宜昌，古称"夷陵"，因"水至此而夷、山至此而陵"得名，位于长江中上游结合部，湖北省西南部，鄂西山区与江汉平原交汇过渡地带，神奇的北纬30度附近，素有"川鄂咽喉""三峡门户"之称。本章节是宜昌地区自然科普教育重点展示内容，展览结合地域生态环境特点，从宜昌湿地文化、中华鲟保护、长江珍稀鱼类标本展示、长江大保护等多个角度，科学系统诠释了宜昌近年来深入践行"绿水青山就是金山银山"的绿色高质量发展理念。

地球之肾

上三大生态系统，被称为「地球之肾」。

湿地和森林、海洋一起被视为地球

宜昌湿地保护
Wetlands Protection in Yichang

宜昌湿地资源特点

　　据不完全统计，宜昌市湿地总面积 1736 平方千米，占宜昌市总面积的 8.5%。

　　宜昌有湿地脊椎动物 382 种，主要以鸟纲、两栖纲和鱼纲为主，其中不乏白鳍豚、中华鲟、东方白鹳、胭脂鱼和中国小鲵等国际濒危物种和中国特有种；有湿地高等植物近 700 种，其中中华蚊母、疏花水柏枝是十分珍贵湿地植物的代表。宜昌市的湿地类型多样，除众多的河流湿地外，枝江和当阳分布有湖泊湿地，五峰、长阳、夷陵、兴山等山区县还分布有沼泽和沼泽化草甸湿地、灌丛沼泽、森林沼泽等亚高山湿地和泥炭藓湿地等。此外，还有战略意义极其重要的三峡库区人工湿地。

宜昌市湿地资源的特点为：

一、类型多样，占国土资源比重较大，以河流湿地为主；二、湿地分布差异性显著，尤其是湖泊和人工库塘的分布主要集中在平原地带；

三、湿地物种丰富，包括一部分中国特有种和湖北特有种，并具有垂直地带性变化特点；

四、湿地类型存在交叉，主要以河流湿地和库塘湿地相互交叉为主。

宜昌湿地

◉ 中国小鲵，属中国特有种，是一个距今3亿年的古老物种，与恐龙处于同一发展时代，堪称珍贵的"生物活化石"，被誉为研究古生物进化史的"金钥匙"。此处将中国小鲵进行了卡通动画形象处理，用可爱卡通的小鲵形象向观众传达宜昌生态环保理念，活跃展陈气氛，吸引小朋友与中国小鲵拍照互动，树立青少年人与自然和谐相处的观念。

◉ 宜昌湿地展区以多媒体互动展项为核心展示手段，讲述宜昌湿地文化，借助图文展板和数字化技术手段营造空间氛围，传达展览主题。展板展示了濒危鸟类黑鹳和须浮鸥，呼吁人们保护鸟类栖息地。在这个展区，观众可以戴上耳机观赏宜昌湿地的秀美风光，眼、耳、手多角度互动体验，唤起观众的观展热情。

◉ 此区域展示了长江珍稀鱼类中华鲟、胭脂鱼和白鲟标本，通过鱼类标本形态、标本与环境的互动以及立体图文展版，展示了中华鲟的洄游旅程和保护大事记，以知识型框架结构搭建观众与展品互动学习的平台。展柜后方背景通过背投画面和影像技术模拟中华鲟在长江中游动的动态展示效果，让观众仿佛置身长江之滨，感受中华鲟独特的生态魅力。

长江活化石——中华鲟

典型溯河洄游性鱼类，是中国一级重点保护野生动物，有"长江活化石""水中大熊猫"之称，是地球上最古老的脊椎动物，也是鱼类共同祖先——古棘鱼的后裔，是世界现存鱼类中最原始的种类之一。

此区域以展板及多媒体相结合的展示手段，让观众通过多媒体视频、图片及文字介绍，了解宜昌在长江大保护行动中做出的突出贡献，体会宜昌共抓大保护，不搞大开发的重要举措和丰富内涵，提升观众的生态文明意识，引导观众像保护眼睛一样保护生态环境，像对待生命一样对待生态环境。

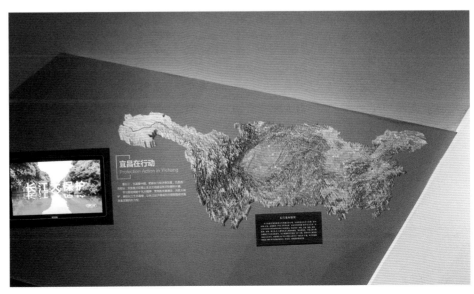

第 六 章

危机与希望

万物共生，各显其美。生态兴则文明兴。现如今，全球生物多样性的恶化趋势尚未得到根本遏制，人口增多、森林减少、动物灭绝等问题仍然困扰着人类社会的发展。人与自然是命运共同体，我们要同心协力，抓紧行动，在发展中保护，在保护中发展，共建万物和谐的美丽家园。

十 2018年 北部白犀灭绝

十 2014年 密克罗尼西亚翠鸟灭绝

十 2012年 平塔岛象龟灭绝

十 2012年 关岛秧鸡灭绝

十 2011年 越南爪哇犀牛灭绝

十 2008年 奇角剑羚灭绝

十 2007年 白鳍豚灭绝

十 2006年 西部黑犀灭绝

◎ 危机与希望展区运用黑白照片灯箱、条形灯带、竖轴型文字和大型立体展板，展示了已灭绝动物年代表和濒危动物生态保护现状。中央拼接屏互动展项可以让观众重现野生动物的栖息地景观。顶部光纤组成了犀牛头部造型，增强了空间的感染力和表现力，仿佛在对观众诉说着动物界的危机与希望。整个区域以暗沉的色彩营造出濒危动物亟须保护的紧迫感，让观众切实感受到保护动物赖以生存家园的重要意义，传达人与自然和谐共生的理念。

结语

　　动物界多彩的生命是地球生机勃勃的源泉，更是人类赖以生存和发展的重要力量。生态环保是人类社会的永恒话题，在日益发展的经济化、信息化时代，如何守护地球不同的生态环境、保护动物是人类发展进程中的重要课题之一。